Paul Meyer

**Ueber spontane Resorption von Cataracta senilis**

Paul Meyer

**Ueber spontane Resorption von Cataracta senilis**

ISBN/EAN: 9783743468207

Hergestellt in Europa, USA, Kanada, Australien, Japan

Cover: Foto ©berggeist007 / pixelio.de

Manufactured and distributed by brebook publishing software
(www.brebook.com)

Paul Meyer

**Ueber spontane Resorption von Cataracta senilis**

Ueber

# spontane Resorption von Cataracta senilis.

— — — —

## Inaugural–Dissertation

zur

# Erlangung der Doctorwürde

in der

**Medicin, Chirurgie und Geburtshilfe**

der

hohen medicinischen Facultät der Georg-
Augusts-Universität zu Göttingen

vorgelegt von

## Paul Meyer, approb. Arzt

aus Göttingen

Auf dem ophthalmologischen Congress zu Heidelberg im September 1885 berichtete Brettauer über drei von ihm beobachtete Fälle von spontaner Aufsaugung von seniler Cataract bei unverletzter Linsenkapsel. Aus der an diesen Vortrag sich anschliessenden Discussion ergab sich, dass derartige Beobachtungen zu den grössten Seltenheiten gehören und dass über die Art des Vorganges immerhin nur mehr oder weniger wahrscheinliche Vermuthungen aufgestellt werden können. Sicherlich ist es daher sehr wünschenswerth, wenn die Zahl wirklich giltiger hierher gehöriger Fälle vermehrt werden kann, da es nur so möglich sein wird, über die Pathogenese dieses Vorganges mehr Klarheit zu gewinnen. Im Anschluss an die Mittheilungen Brettauers erwähnte Herr Professor Leber, dass er einen ähnlichen Fall von spontaner Resorption einer senilen Cataract zu Gesicht bekommen habe, den er gelegentlich zu veröffentlichen gedenke. Herr Professor Leber war nun so gütig, mir denselben zu diesem Zwecke zu überlassen.

Um ein Urtheil über die Häufigkeit und die Art und Weise der spontanen Resorption von Linsentrübungen zu

1*

gewinnen, erschien es angezeigt, aus der Litteratur, der
älteren und der neueren, Alles das zusammenzustellen,
was sich über Rückgängigwerden von grauem Staar ohne
Operation aufgezeichnet findet. Das Material ist zunächst
historisch zusammengestellt und sodann kritisch das
Brauchbare zusammengefasst.

Ein Ueberblick über die gesammte Litteratur und ein
Vergleich der Ansichten zu verschiedenen Zeiten ergiebt,
dass man im Grossen und Ganzen mit Zugrundelegung
der Stellung der Autoren zu der Frage nach der Heilung
von Cataract drei Perioden unterscheiden kann. Während
nämlich die Ophthalmologen bis etwa gegen Ende der
vorophthalmoskopischen Zeit durchweg eine spontane
Heilung von Cataract für möglich halten, stellen die
späteren Schriftsteller eine solche meist gänzlich in Abrede;
die neuere Zeit endlich hat insofern einen Mittelweg
eingeschlagen, als im Allgemeinen ein Rückgehen von
Linsentrübungen zwar für möglich, aber von ganz be-
stimmten, nur selten zutreffenden Voraussetzungen ab-
hängig erachtet wird.

Fast sämmtliche Autoren stimmen darin überein, dass
eine ausgebildete Cataract nicht spontan rückgängig wird.
Dagegen hält Boerhave *), welchem Janin **) später
beistimmt, einen anfangenden Staar für heilbar und empfiehlt als Medikament besonders das Quecksilber.

Albers ***) veröffentlichte folgenden ersten bemerkens-
werthen Fall von spontaner Heilung bei einem jugendlichen
Individuum:

„Bald nach überstandenem Scharlach bekam vor zwei Jahren
ein kleines Kind in der Pupille des linken Auges, und zwar
am äusseren Augenwinkel, eine Verdunklung, die sich in

---

*) De morbis oculorum. Gotting. 1750. p. 123.
**) Abhandlungen und Beobachtungen über das Auge. 2. Aufl.
1788. p. 263.
***) Himly, Ophthalm. Bibliothek Bd. 2 St. 3 1804.

6 Wochen ungefähr über die ganze Pupille erstreckte und alles Sehen aufhob. Anfangs hatte diese Verdunklung eine weisse Farbe, nachher wurde sie mehr gelb. Vor etwa 12 Wochen, bis zu welcher Zeit der Zustand unverändert blieb, bekam das Kind einen Typhus, von welchem es glücklich wieder hergestellt wurde. Gleich zu Anfang klagte das Kind über heftige Schmerzen im kranken Auge und zu meinem grossen Erstaunen sah ich bei der Untersuchung das Auge heller werden. Die Schmerzen nahmen mit wachsender Klarheit der Pupille zu. Anfangs zeigten sich einige Stellen in der Pupille gleichsam transparent, dagegen bildeten andere kleine weisse Punkte, die aber auch verschwanden, worauf die Pupille des linken Auges ein ebenso helles Ansehen wie die des rechten erhielt, so dass das Kind gegenwärtig mit beiden Augen gleich vollkommen sieht."

Benedikt*) ergeht sich nur in theoretischen Betrachtungen und empfiehlt eine grosse Reihe von Heilmitteln. Dass der mit denselben erzielte Erfolg kein glänzender gewesen ist, ersehen wir aus seinem 10 Jahre später erschienenen Handbuche, worin er von jeglichem Heilverfahren ausser dem operativen abräth.

In den Heidelberger Annalen **) finde ich folgenden Fall von Hinterberger angeführt:

„Patient, 40 Jahre alt, bemerkte 1819 Abnahme des Sehvermögens im linken Auge, welche Monat für Monat zunahm, so dass Patient nach einem Jahre nur Lichtempfindung hatte. 1822 suchte er meine Hülfe. Ich fand eine weissglänzend verdunkelte Linse. Nach der Veränderung der Iris und hinteren Augenkammer hätte ich die Cataract für Kapsellinsenstaar mit einer käsichten Oberfläche gehalten. In mehreren Jahren fand ich die Cataract unverändert. 1828 erlitt Patient wüthende Schmerzen in den Augenbrauen und im linken Auge, welche zwei Tage nach einander vom Nachmittag bis zum andern Morgen dauerten. Den 3. Tag Morgens sah er mit dem staarblinden Auge die gewöhnlichen Gegen-

---

*) Monographie des grauen Staars. 1814 und Handbuch der praktischen Augenheilkunde. 1824.
**) Bd. V. p. 401. Heidelberg 1829.

stände. Ich fand die Iris links fast schwarz, die Gefässe derselben aufgelockert und aus der runden mässig grossen Pupille den Staar verschwunden, die Bindehaut des Auges leicht geröthet und das Auge empfindlich gegen Licht. Patient unterschied die meisten grösseren Gegenstände. Nach einiger Zeit verschwand die Regenbogenhaut - Entzündung. Am 2. Mai 1829 erkannte Patient in der Nähe Menschen, konnte aber die Ziffern der Sackuhr nicht alle unterscheiden, woran ihn angeblich ein dünner Nebel hinderte.

Augen beide gleich, Regenbogenhäute rein, dunkelblau, Pupillen gleich gross, schwarz, Pupillarränder beweglich."

Einen Fall von angeblicher Heilung von Cataract beschreibt Estlin *):

„Es bestand beiderseits Cataract, von denen die eine operirt wurde, die andere nach Jahren unter heftigen Schmerzen, gegen die Vinum Opii angewandt wurde, zurückging. Estlin hat den Vorgang selbst nicht gesehen, vielmehr stammt die Angabe von einem Geistlichen, dessen Gemeinde die Patientin angehörte."

Rosas **) erwähnt die Resorption von Cataract kurz mit folgenden Worten:

„Ein Schwinden der Cataract aus der Sehaxe, und zwar in dem Maasse, dass das Sehen wiederkehrt, findet durch freiwillige Aufsaugung (Resorptio spontanea) oder Umlegung statt. Soll erstere gehörig erfolgen, so muss der Staar ganz oder grossentheils weich oder flüssig, die Kapsel dünn, geborsten oder aus ihren normalen Verbindungen getreten, die übrigen Gebilde des Auges gut, das Subjekt jugendlich, ungeschwächt, und somit einerseits der Staar leicht auflösbar, andererseits die Resorptionsfähigkeit des Auges kräftig sein."

Curtis ***) und Larrey †) wollen Erfolge gesehen haben von der Anwendung von Fontanellen, Laxantia und Alterantia, Ersterer im Anfangsstadium, Letzterer sogar,

---

*) Medical Gazette Vol. III. London 1829.
**) Augenheilkunde. Wien 1830. Bd. II.
***) Treatise of the eye. London 1835.
†) Clinique chirurgicale T. V. Paris 1836

wenn die Patienten sich nicht mehr allein führen konnten. Larrey führt auch einige Beispiele an, deren weitere Verwerthung indessen bei den unvollkommenen Untersuchungsmethoden und den mangelhaften Angaben ausgeschlossen ist.

Einen von Luzzato beobachteten Fall von Resorption einer Cataract finden wir in Graefes und Walthers Journal der Chirurgie und Augenheilkunde *):

Patientin, 42 Jahre alt, bekam eine immer mehr zunehmende Verminderung der Sehkraft ihres rechten Auges, welches Uebel mehrere erfahrene Augenärzte für grauen Staar erklärten. Acht Jahre später wurde dieses rechte Auge von einer sehr heftigen Entzündung ergriffen, welche Luzzato mit Quecksilbersalbe und Belladonna-Extract bekämpfte. Nach Verlauf von 4 Wochen war Patientin nicht nur von ihrer Augenentzündung und deren Folgen befreit, sondern auch die Linsenverdunklung war so spurlos verschwunden, dass die Kranke sich noch jetzt des ungetrübten Gebrauchs beider Augen erfreut.

Warnatz **) beschreibt zwei Fälle von „Resorptio cataractae spontanea".

„1. Patient, in den vierziger Jahren, leidet an Plethora, Hämorrhoiden, Gicht in Folge von Trinken, und bemerkt während des Gebrauchs einer homöopathischen Hungerkur Verminderung seiner Sehkraft, erst rechts, dann auch links. Vor einem Jahre", schreibt Warnatz, „sah ich ihn zum ersten Male. In beiden Augen war Cataracta capsulo-lenticularis vorhanden, und zwar von weicher Beschaffenheit, rechts ausgebildeter als links. Die Regenbogenhäute besassen ihre natürliche Reaction und sonst war kein Augenleiden zu entdecken. Auch war der Verlust der Sehkraft schmerzlos eingetreten. Patient konnte Tag und Nacht nur undeutlich die rohsten Contouren grosser Gegenstände in ziemlicher Nähe unterscheiden. Ich verschrieb eine mässige Diät.

---

*) Bd. XXIV.  Berlin 1836.
**) Ammons Zeitschrift f. Ophth. Bd. V.

Im Januar 1835 sah ich den Mann wieder. In beiden
Augen war die Cataracta von der Peripherie nach dem Centrum
hin so zurückgetreten und aufgesaugt worden, dass nur noch
das Centrum im Umfange eines kleinen Stecknadelknopfes ver-
dunkelt war und das Uebel jetzt wie Cataracta centralis aus-
sah. Der übrige Umfang der Linse war rein und hell. Im
linken Auge war in gleicher Art die Resorption vor sich ge-
gangen, nur noch mit geringerer Extension, so dass vom
ebenfalls noch verdunkelten Centrum aus ein dunkler unregel-
mässiger Streifen nach der Peripherie hin verlief. Patient
konnte mit dem rechten Auge deutlich gross gedruckte Buch-
staben, hellleuchtende Farben, Personen unterscheiden, natür-
lich aber nur bei ziemlicher Annäherung der Seh-Objekte,
aber ohne Brille. Die Sehkraft links konnte wegen der noch
nicht so weit gediehenen Resorption noch nicht so weit vor-
geschritten sein. Der Kranke hatte nie Schmerzen.

2. Patientin, 50 Jahre alt, seit 5 Jahren nicht mehr men-
struirt, leidet an Hysterie und Arthritis vaga. Seit 8 Jahren
ist ein mit Gesichtsschwäche verbundenes tieferes Augenleiden
entstanden, welches lange Zeit durch eine chronische Blephar-
ophthalmie nach aussen reflektirte, übrigens aber in so-
genannter erhöhter Venosität der Augen und Leiden der
Chorioidea und Retina begründet zu sein scheint. Seit 1832
ward eine geringe Verdunklung der Linse in dem einen Auge
bemerkbar und vor zwei Jahren bildete sich vom Sommer
zum Herbst in beiden Augen deutlich Cataracta aus. Schon
vier Wochen nach Application von Fontanellen auf den Armen,
ward deutlich ein Schwinden der Cataracta sichtbar. Der
früher gelbweisse Staar beider Augen war mehr molkig, weich,
resorbirte sich jedoch nicht von der Peripherie nach dem
Centrum zurückschreitend, sondern gleichsam mehr zerrissen,
getheilt, sternförmig, fast so wie nach Keratonyxis. Die Resorption schritt so vor sich, dass nach einem halben Jahre
beide Pupillen rein schwarz und alle cataraktösen Entfärbungen
verschwunden waren. Die Sehkraft hatte sich gebessert,
dennoch aber blieb die Kranke immer noch so kurzsichtig,
dass sie sich zum deutlicheren Sehen einer Brille bediente.
In diesem Falle war jedenfalls Gicht die Ursache; es deuten
diess die lebhaften Schmerzen, die Photopsie, die Mouches
volantes an; heftige, reissende Schmerzen in der Tiefe des
Bulbus und der umgebenden Orbita fehlten selten."

Gondret *) will durch Einreibungen mit Ammoniak-
salbe etc. Erfolge gesehen haben, die seine kühnsten Er-
wartungen überstiegen. Die Fälle, welche als Belege angeführt werden, machen aber einen durchaus unzuver-
lässigen Eindruck und sind voll von offenbaren diagno-
stischen Fehlern. Aus denselben Gründen können auch
die von homöopathischer Seite **) gemachten Veröffent-
lichungen keine weitere Erwähnung finden.

Auf der 19. Versammlung deutscher Aerzte zu
Braunschweig hat Holscher ***) zwei Fälle von Resorption congenitaler Cataract mitgetheilt:

„Zwei Kinder waren in derselben Familie cataractös mit
offenbar erblicher Anlage vom Vater. Bei beiden bekamen
die Staarlinsen vom zweiten Jahre an am äusseren Rande
Bogen und einige Einschnitte, und so klärte sich die Linse
von der Peripherie zum Centrum dergestalt, dass im dritten
Jahre jede Trübung geschwunden war."

Auch Himly †) hält eine Heilung für möglich, wenn
auch selten, und zwar entweder durch Heilkraft der Natur
oder auch durch Kunsthülfe. Innere Mittel will er zu-
weilen bei bekannter Aetiologie, z. B. bei Cataracta cap-
sularis arthritica mit Erfolg angewandt haben, ebenso
Elektricität. Klinische Fälle werden nicht angeführt, dagegen z. B. eine Heilung von „plötzlich entstandenem
Staar" durch endermatische Anwendung von Strychnin,
die Ober-Medizinalrath Schneider erzielt haben will.

Eine Anzahl von Rau ††) aufgeführter Fälle, in
denen es sich um Heilung angeblicher Cataract handeln
soll, können leider keine beweisende Kraft beanspruchen.
Fälle, in denen Mückensehen, Entzündung, Unbeweglich-

---

*) On the Treatment of the Cataract etc. London 1838.
**) Bron. Annales d'Ocul. T. II. 1839.
***) Walther u. Ammons Journal d. Augenheilkunde II.
†) Krankheiten und Missbildungen des Auges II. 1843.
††) Walther u. Ammons Journ. Bd. VIII.

keit des Pupillarrandes und zackige, bräunliche Vor-
sprünge desselben bestanden, lassen nicht im Zweifel, dass
hier Fehler in der Diagnose vorgelegen haben. Es müssen
daher auch die übrigen von Rau angeführten Beobachtungen, in denen derartige Fehler nicht zu Tage liegen,
beanstandet werden.

In Arlt *) tritt uns zuerst ein Vertreter derjenigen
Periode entgegen, die therapeutischen Versuchen durchaus
abweisend gegenübersteht.

Arlt hat ohne operative Behandlung „nur in drei Fällen
geringe, jedoch bestimmt vorhandene Linsentrübung rückgängig machen können", bei zwei 68jährigen Patienten durch
monatelange Einreibungen von Jodkalium-Salbe und Egerer Salz-
quelle, resp. durch zweimaligen Gebrauch von Karlsbad und
bei einem 50 und einige Jahre alten Gutsbesitzer durch ein-
maligen Gebrauch von Karlsbad.

Schoen **) erzählt, er habe eine Verbesserung des
Sehvermögens bei Foetalstaar beobachtet, und zwar durch
Rückbildung, ohne Genaueres über den Fall zu geben.

E. v. Jäger ***) hat „über spontane Heilung cataractöser Trübungen in der menschlichen Linse" eine Ab-
handlung veröffentlicht. Er unterscheidet von der Verminderung cataractöser Trübungen, die durch ein Ueber-
wiegen der Resorption über die Bildung von Linsen-
detritus in späteren Stadien seniler Cataract zu Stande
kommen, die wirkliche Heilung unter Wiederherstellung
der normalen Linsenernährung.

„Sistiren oder Heilen der Cataract", sagt Jäger, „habe
ich wiederholt beobachtet. In den meisten Fällen war jedoch
nur eine theilweise Verbreitung des cataractösen Processes,
eine lokal beschränkte Trübung in der Flächenrichtung des

---

*) Krankheiten des Auges II. 1833.
**) Beiträge zur Augenheilkunde. 1861.
***) Oesterreichische Zeitschrift für prakt. Heilkunde No. 31
und 32. Wien 1861.

Linsenkörpers, insbesondere eine geringe Mächtigkeit in der Tiefenrichtung gegeben, fast immer waren die Staare entweder als angeborene anzusehen, oder wenn in späteren Lebensperioden entwickelt, traumatisch hervorgerufen, oder gleichzeitig die Erscheinungen verschiedener noch aktiver oder abgelaufener krankhafter Vorgänge in den übrigen Gebilden des Auges, besonders entzündliche Chorioidealleiden nachzuweisen. Nie hatte ich dagegen bei mächtigen, über die ganze Oberfläche mehr gleichförmig verbreiteten Trübungen, besonders in den oberflächlichen Corticalschichten, vor Allem aber nie bei noch so geringer Mächtigkeit seniler Linsentrübungen bisher die Gelegenheit, den Process sistiren und heilen zu sehen. Am häufigsten beobachtete ich ein Sistiren bei angeborenen Staaren, und zwar vorzüglich bei den reinen Formen von angeborenem Faserschichtstaar. Sie prägen sich als allmählich ihrer Intensität wie besonders ihrer Ausdehnung nach abnehmende Linsentrübungen aus, die entweder zum Theil oder gänzlich verschwinden oder während sie tiefer und tiefer in den Linsenkörper vorgeschoben werden, geringere Veränderungen ausweisen oder unverändert durch das Leben fortbestehen. Die erheblichste Verminderung oder ein vollständiges Verschwinden sah ich vorzüglich bei jenen charakteristischen Linsentrübungen, welche in mehr gleichförmiger, streifiger Form, ziemlich regelmässigen Abständen in den mittleren Lagen der hinteren Corticalschichten allein oder mit kurzen Fortsätzen in die vordere Corticalschichte peripherisch auftreten." Folgende beiden Fälle führt Jäger als Belege an:

1. Patientin, 42 Jahre alt, hat in ihrem 27. Jahre nach anstrengender Arbeit Ermüdung, Undeutlichkeit im Sehen, Verschleierung aller Gegenstände bemerkt, die ein Jahr lang zunahm, besonders rechts, so dass sie feinste Arbeiten nicht mehr thun konnte. Seitdem soll das Uebel stationär, in den letzten Jahren sogar besser geworden sein. Im 30. Jahre sah Jaeger die Patientin zuerst und fand eine zarte grauliche Trübung hinter den mittelgrossen Pupillen. Patientin las bei mittlerem seitlichem Tageslicht links grossen Letterdruck, rechts Zeitungs-Aufschriften, und zwar besser vom Licht abgewandt, als demselben zugewandt. Um feinere Arbeiten vorzunehmen, beleuchtete sie dieselben direkt mit dem Sonnenlicht, ohne ihre Augen zu beschatten. Nach Erweiterung der Pupillen durch Extr. Hyoscyami zeigt sich beiderseits, stärker

links, ein ausgebreiteter, saturirt grauweisser, streifiger, centraler, hinterer Corticalstaar mit zarteren, peripherischen Trübungen, sowie eine schwächere streifige, peripherische vordere Corticaltrübung. Nach 12 Jahren ist keine Vermehrung der Trübung eingetreten. Patientin liest jetzt bei mässig starkem seitlich einfallendem Tageslicht links Schrift No. 9, rechts No. 15.

2. Patient, 25jährig, von Jugend auf kurzsichtig, so dass sein Fernpunkt jetzt in 4 Zoll Entfernung liegt, bemerkte zuerst im 18. Jahre Ermüdung und Unbehagen während des Gebrauchs von Brillen. Dieses nahm so zu, dass Patient sich nur kurze Zeit mit kleinen Gegenständen beschäftigen konnte ohne Abnahme des Deutlichsehens. Schliesslich empfand er auch bei kurzer Benutzung von Brillen stets Schmerzen. Deshalb gab Patient im 20. Jahre seine Stellung als Schullehrer auf. In diesem Jahre fand Jaeger Folgendes: Ausser dem oben erwähnten Refractionszustand ophthalmoskopisch beiderseits Staphyloma posticum, hochgradigen über den ganzen Augenhintergrund verbreiteten Schwund des Pigmentepithels und, nach Erweiterung der Pupillen, Cataracta striata peripherica corticalis · antica et postica. Jaeger stellte die Diagnose: Chorioiditis chronica postica mit consecutiver Linsentrübung. Unter der eingeleiteten Behandlung nahmen die krankhaften Erscheinungen ab, wenn auch nur in geringem Grade. Schon nach zwei Jahren aber konnte sich Jaeger von einer erheblichen Abnahme der cataractösen Linsentrübungen nach Grösse und Dichte überzeugen. Vorigen Sommer waren noch schwache Andeutungen von streifigen Trübungen in der Peripherie der hinteren Corticalschichten wahrzunehmen. Jetzt nach fünf Jahren ist jede Trübung verschwunden, die Linsen sind vollkommen und allseitig durchsichtig, normal funktionirend."

Auf operativem Wege, aber ohne Verletzung der Kapsel, suchte Sperino *) beginnende und selbst ausgebildete Cataracten zu heilen. Er nahm das von Hecquet (1729) und Leo Col de Villars (1740) schon

---

*) Études cliniques sur l'évacuation répétée de l'humeur aqueuse. (Becker, Graefe-Saemisch's Handbuch V.)

vorgeschlagene Verfahren der Punktion der vorderen
Kammer wieder auf, und zwar angeblich mit glänzendem
Erfolge. So wurde eine Frau, die sich nicht mehr führen
konnte, soweit gebessert, dass sie ohne Mühe Jaeger No. 3
lesen konnte. Bei 40 anderen Cataractkranken wurden
mehr oder minder gute Erfolge erzielt. Ausdrücklich
wird erwähnt, dass die Aufhellung beginnender Cataract
ophthalmoskopisch constatirt wurde. Die Punktion ge-
schah täglich oder alle 2 bis 3 Tage. Das Verfahren
Sperino's wurde auf dem ophthalmologischen Congress
zu Paris 1863 besprochen. Rivaud-Landrau theilte vier
Beobachtungen mit, in denen er von der Paracentese nicht
den geringsten Erfolg gesehen hatte. Nicht besser war es
Borelli mit 21 cataractösen Augen geglückt. Secondi dagegen wollte bei beginnenden Cataracten durch Paracentese
eine dauernde Besserung erzielt haben, mindestens ein Sta-
tionär-Bleiben, und ähnliche Erfolge führte Quaglino an.

Bereits vorher hatte Torresini im Giornale d'Ottal-
mologia italiano mitgetheilt, dass er statt Aufhellung
vielmehr raschere Zunahme der cataractösen Verdunke-
lung durch die Paracentese erhalten habe. Seitdem ist von
keiner Seite eine Bestätigung der Erfolge Sperinos erfolgt, und es ist abzuwarten, ob die Zukunft eine solche
bringen wird.

v. Graefe *) äussert sich gelegentlich über Ausgänge
resp. Heilung gewisser Formen von Cataract in folgender
Weise:

„Bei völlig verflüssigter Linse, theils angeboren, theils
Endausgang in früherer Lebensperiode entstandener Cataracte,
nimmt das Volumen erheblich ab, und die Linse kann bis auf
geringe Präcipitate an der inneren Kapselfläche schwinden;
dieselbe bietet dann ganz das Aussehen eines Nachstaars.
Vollendet sich dieser spontane Resorptionsprocess in den
allererersten Lebensperioden, so kann ein ziemlich gutes Seh-

---

*) Arch. f. Ophth. IX. 2. 1863.

vermögen eintreten. Mir ist eine Familie bekannt, in der diese Staarform als hereditär bereits durch mehrere Generationen beobachtet wird. Die betreffenden Individuen haben scheinbar einen dünnhäutigen Nachstaar, ohne dass etwas mit den Augen vorgenommen wäre. Sie lesen feine Schrift, und zwar zum Theil ohne Convexgläser in enormer Nähe, obwohl sich eine der Aphakie entsprechende Hyperopie nachweisen lässt. Die Mutter, in der geschilderten Weise erkrankt, hat bei dem einen Kinde in den ersten Lebensmonaten selbst die Lichtung der milchweissen Pupille beobachtet.

Tavignot[*]) hat 1868 Erfolge in der Behandlung von Cataract durch innerliche und äusserliche Anwendung von Phosphor mitgetheilt. Eine Bestätigung ist nicht erfolgt.

Stellwag von Carion[**]) spricht sich über Heilung von Linsentrübungen in folgender Weise aus:

Trübungen, welche sich im Verlaufe von Iritiden entwickeln, und zwar meist in Folge einer Phakitis, Capsulitis, können vollständig zurückgehen. Ob auch bei staarigen Trübungen im engeren Wortsinne, welche auf einem Zerfall, auf Schwund der Theile beruhen, eine Rückführung zur Norm möglich sei, ist zweifelhaft. Dagegen wird durch völlige Aufsaugung der staarig getrübten Linsenpartieen nicht ganz selten eine relative Heilung oder wenigstens eine Verminderung der Sehstörung zu Stande gebracht. Die Resorption, soll sie an sich einem solchen Zwecke genügen, setzt malacische Linsenschichten voraus, findet indessen bei unverletzter Kapsel grosse Schwierigkeiten, und es geschieht wirklich nur sehr selten, dass malacische Crystallpartieen aus der geschlossenen Kapselhöhle in Folge von Aufsaugung spurlos verschwinden. Am ehesten kommt dies noch vor bei partiellen Staaren jugendlicher Individuen, vornehmlich aber bei unvollständig entwickelten Cortical-Cataracten. Die Aufhellung geht dann immer auf Kosten des Umfanges und der Form des Crystalles; dessen Oberflächen platten sich in entsprechendem Maasse ab und werden gewöhnlich unregelmässig, während

---

[*]) Journ. des connaiss. méd.-chir. 1868 No. 23 u. 24; 1869 No. 7.
[**]) Lehrbuch 4. Aufl. Wien 1870.

gleichzeitig auch eine Schrumpfung vom Aequator her einzutreten pflegt. Im Zusammenhange damit steht eine hypermetropische Einstellung des dioptrischen Apparates und beziehungsweise eine Verzerrung der Zerstreuungskreise, sowie eine fast völlige Vernichtung des Accommodationsvermögens. In der grössten Mehrzahl der Fälle bleibt unter solchen Verhältnissen die Aufsaugung eine unvollständige, die gegebenen Trübungen verkleinern sich nur unter entsprechender Volumsabnahme und Missgestaltung des Crystalles, sie zerfahren, spalten sich, es entstehen in der sich verdichtenden Trübung Lücken, und diese stellt endlich nur mehr Haufen von Punkten oder Flecken, Streifen, Blättern u. s. w. dar, welche aus fettigkalkiger, hellweisser, opaker Masse gebildet, in die durchsichtige Linsensubstanz eingesprengt erscheinen und mehr weniger grosse Zwischenräume für den Durchgang direkter Lichtstrahlen zwischen sich offen lassen. So wird bisweilen bei ausgebreiteten corticalen Trübungen, welche längere Zeit stationär geblieben waren, bei partiellen Staaren aller Art und besonders bei Schichtstaaren durch sekundäre Wandlung der cataractösen Massen das sehr beeinträchtigte oder ganz aufgehobene Sehvermögen bis zu einem sehr ansehnlichen Grade wieder gebessert und, falls der Staar nicht weiter schreitet, in diesem Zustande auch erhalten. Bei Totalstaaren genügt die Resorption allein nicht mehr, um eine erhebliche Besserung des Sehvermögens zu vermitteln. Doch schrumpfen mitunter flüssige Totalstaare in Folge fortgesetzter Resorption auf ein dünnes trocknes Häutchen zusammen, welches stellenweise einen hohen Grad von Durchscheinbarkeit erlangen und eine mühselige Selbstführung gestatten kann. Ausnahmsweise wird ein solcher Staar wegen fast vollständiger Resorption des Magma wohl gar so durchsichtig, dass die Kranken mit Zuhülfenahme entsprechender Gläser und selbst ohne diese scharf sehen, ja kleinen Druck lesen. Einmal wurde ein solcher Fall erblich gefunden (Graefe). Möglicherweise kommt es wohl auch bei gemischten Staaren mit flüssiger Oberfläche zur Herstellung eines mässigen Sehvermögens, indem die Rindenschichten fast völlig resorbirt werden, so dass nicht nur durch den diaphanen Kern, sondern auch an diesem vorbei ein gewisses Quantum direkten Lichts passiren kann. Ob die Rückbildung eigentlicher cataractöser Trübungen auf therapeutischem Wege zu erzielen ist, ist mindestens

sehr zweifelhaft. Immerhin können therapeutische Behand-
lungen mittelbar von grossem Nutzen sein, insofern sie nämlich geeignet sind, direkte oder indirekte Ursachen der Staar-
bildung gründlich zu beheben. Es lässt sich wenigstens
a priori kaum ableugnen, dass mit der Beseitigung der patho-
genetischen Momente auch die Entwicklung des Staars ge-
hindert und dessen Weiterschreiten gehemmt werden könnte.
Gelingt dieses aber, so ist offenbar die Möglichkeit gegeben,
dass die bereits getrübte Partie durch regressive Metamorphose
und Aufsaugung zum Verschwinden gebracht oder beträchtlich
zerklüftet und so eine relative Heilung erzielt wird. Die
Indication für ein solches therapeutisches Vorgehen tritt am
klarsten heraus, wo gewisse Krankheiten einen verderblichen
Einfluss auf die Vegetationsverhältnisse des gesammten Kör-
pers nehmen und eine pathologische Involution begründen,
sowie dort, wo locale Entzündungen die Ernährung der Linse
gefährden."

Becker's *) Ansicht über Aufhellung von Linsentrübungen ist folgende:

„Obwohl", schreibt er, „bisher kein Resultat erzielt ist,
so lässt sich die Möglichkeit, dass wir noch einmal dahin
kommen, beginnende Cataracten in ihrer Entwicklung aufzu-
halten oder gar eine bestehende Trübung der Linse wieder
zur Aufhellung zu bringen, nicht ganz von der Hand weisen.
Aus den Experimenten von Kunde (Zeitschrift für wissensch.
Zoologie VIII) und Kühnhorn (De cataracta aquae inopia
effecta. Gryphiae 1858) geht hervor, dass durch Wasser-
entziehung getrübte Thierlinsen sich aufhellen, wenn sie wieder
in Wasser gelegt werden."

Weiter führt Becker die Erfahrungen Seegens bei
diabetischer Cataract als Beweis für seine Anschauung
an. Auch der Ansicht Jäger's, dass der cataractöse Process nie bei seniler Trübung sistire, stimmt Becker nicht
bei und führt zwei Fälle an, in denen der Process stationär blieb.

„Ich besitze aber auch", fährt Becker fort, „eine für
mich durchaus überzeugende Beobachtung, dass sich die von

---

*) Handbuch v. Graefe und Saemisch. 5. B. 1875.

mir selbst diagnosticirte Cataract in beiden Augen der
60jährigen Frau eines Collegen vollständig wieder zurück-
gebildet hat. Auch Stellwag (l. c. p. 663) scheint Fälle der
ersten (stationären) Art beobachtet zu haben."

Die von Becker oben erwähnten Erfahrungen Seegens finden sich in Seegens Schrift über Diabetes mellitus *), und zwar handelt es sich um die folgenden
beiden Fälle:

„1. Diabetes in hohem Grade. Bei Ankunft des Patienten
in Karlsbad fand Seegen die Linsen beider Augen deutlich
getrübt. Patient giebt an, die Gegenstände in den letzten
Wochen wie durch einen Nebel gesehen zu haben. Während
des Curgebrauchs sank der Zuckergehalt auf die Hälfte, die
Kräfte nahmen zu, alle Symptome besserten sich, und nach
8—10 Tagen wurde das Sehen besser. Der Nebel, über
welchen Patient klagte, zerstreute sich, und die Untersuchung
weist nach, dass die Trübung der Linsen allmählich schwindet.
Bei seiner Abreise sah er ganz klar und nur am rechten
Auge war eine schwache Trübung der Linse wahrnehmbar.
Zu Hause traten bald wieder Störungen des Sehvermögens
auf, Patient erblindete nach einem Jahre in Folge von Linsentrübung vollständig.

2. Die Erscheinungen des Diabetes stiegen rasch auf eine
sehr bedeutende Höhe, so dass die früher corpulente Patientin
zum Skelett abmagerte. Um Weihnachten begann die Sehkraft
abzunehmen. Patientin sah die Gegenstände wie durch einen
Nebel, später wurde die Abnahme der Sehkraft so bedeutend,
dass Patientin nicht mehr lesen konnte. Prof. Gerhard,
welcher den Diabetes zuerst erkannte, fand eine beträchtliche
Linsentrübung an beiden Augen. Nachdem Patientin durch
einige Zeit strenge Fleischkost gegessen hatte, besserten sich
alle Symptome und Gerhard constatirte, dass die Linsentrübung zurückging. Als Seegen Patientin sah, war die
Trübung sehr gering; Patientin konnte Zeitungsschrift ganz
geläufig lesen."

Tamanscheff's **) Mittheilungen, welcher im Jahre 1878
durch Jod und Merkur bei Plethorischen beginnende Cata-

---

*) Berlin 1875.
**) Gazette des Hôpitaux. Paris 1878.

ract aufgehellt haben will, spricht Michel *) jede Beweis-
kraft ab und findet, dass der Verfasser Aufhellung und
Resorption einer getrübten Linse bei eröffneter und un-
eröffneter Kapsel verwechselt und als gleichbedeutend be-
trachtet habe.

Endlich hat in neuester Zeit Neftel **) wieder
Heilbarkeit von Cataract durch Galvanismus behauptet,
nachdem bereits Himly ***), dessen Fälle keine reine Cataract waren, Lerche †) und Andere mit der Elektricität
durchaus unbefriedigende Versuche gemacht hatten. Neftel
hat als Beweis zwei Fälle angeführt. Indess hat Hirsch-
berg ††) die völlige Haltlosigkeit dieser Behauptung dar-
gelegt und zur Kenntniss gebracht, dass Knapp und
Agnew, auf deren Autorität sich Neftel berufen hatte,
die gewünschte Bestätigung nicht ertheilt haben.

Szili †††) hat folgenden Fall von „spontaner Aufsaugung einer cataractösen Linse" veröffentlicht:

„College F., 65 Jahre alt, hat von Jugend auf aus-
gezeichnet in die Ferne gesehen. Vor 16 Jahren begann er
zum Lesen schwache Convexgläser zu gebrauchen. Vor acht
Jahren liess er sein linkes Auge, weil er damit schlechter
sah, von einem Augenarzte untersuchen, der Cataracta incipiens diagnosticirte. Vor etwa 3½ Jahren wurde der Staar
für reif erklärt. Das linke Auge war damals noch völlig gesund, hatte ein scharfes Gesicht in die Ferne und benutzte
+ 22 Zoll zum Lesen. Vor drei Jahren kam nach dem
Mittagessen ohne alle nachweisbare Veranlassung plötzlich ein
sehr schmerzhafter (mit Erbrechen verbundener) Anfall auf
dem rechten cataractösen Auge zu Stande. Patient applicirte
sich 4, später 8 Blutegel auf die Schläfe und kalte Umschläge
auf das Auge, worauf sich dasselbe einigermaassen beruhigte.

---

*) Nagels Jahresbericht der Ophth. 1879.
**) Virchows Archiv Bd. 79.
***) Loders Journal f. Chirurgie 1. Bd. 1797.
†) Preussische Vereinszeitung 1841.
††) Virchows Archiv Bd. 80.
†††) Centralblatt f. prakt. Augenheilk. 8. Jahrg. 1884.

Als aber am 6. Tage die Schmerzon mit erneuter Heftigkeit auftraten, consultirte er einen Augenarzt. Dieser (Herr Dr. Stephan Blau) diagnosticirte einen acut glaucomatösen Zustand, welchen er, ohne dieses im Augenblicke der Hornhauttrübung wegen genauer entscheiden zu können, als einen secundären, durch irgend eine Alteration an der cataractösen Linse bedingten aufzufassen geneigt war. Er empfahl die Iridectomie. Patient beschloss aber, es noch einmal mit kalten Umschlägen und mit Morphium zu versuchen und wirklich kam ein dritter Anfall nicht mehr zu Stande. Wohl war das Auge erst nach Ablauf von 6 Wochen völlig blass und schmerzfrei; nicht lange später bemerkte Patient, dass es auch wieder etwas zu sehen beginne. Die Aufhellung nahm von da ab stetig zu, führte aber erst im vergangenen Winter ziemlich rasch zu dem Resultate, welches ich im folgenden Befunde schildere: Rechts tiefe vordere Kammer, graublaue Iris schlottert lebhaft, enge Pupille kreisrund, reagirt gut. Innerhalb derselben bei der Prüfung in durchfallender und focaler Beleuchtung einige zarte, zumeist vertikale graue Strichelchen. Beim Blick nach abwärts um 25 ° taucht unten als ein schmales, horizontales Segment der Pupille eine weissgraue, mitschlotternde Masse hinter der Iris auf. Bei einer Blicksenkung um 40 ° wird circa die halbe Pupille, bei einer Senkung um 70° die ganze Pupille durch den Staarrest verlegt. Sonst aber reflektirt aus der Pupille bei jedwedem Blick in die Peripherie dem Augenspiegel gegenüber ungetrübtes rothes Licht. Augenhintergrund mittelmässig, fast gleichmässig pigmentirt, etwas verbreiterter Bindegewebsring. H + 10 D; V ⁵⁄₉, liest mit + 15,0 D .Sn 0,5 in bequemer Haltung."

Szili findet die Erklärung dieses Falles in einer spontanen Kapselruptur, zumal auch das andere Auge später eine Cataractentwickelung mit aussergewöhnlicher Linsenblähung zeigte.

Lange *) findet es nicht gerechtfertigt, in diesem von Szili beschriebenen Fall von spontaner Aufsaugung zu sprechen; spontan sei nur der Kapselriss, insofern er

---

*) v. Graefe's A. f. O. XXX. 3. 1884.

nicht durch ein Trauma, sondern durch im Auge selbst
sich findende Bedingungen erzeugt wurde. „Unter spontaner Aufsaugung", fährt Lange fort, „glaube ich nur
eine Resorption getrübter Linse bei unverletztem, vollkommen geschlossenem Kapselsack verstehen zu dürfen
und erlaube mir, folgenden Fall mitzutheilen:

Patient, 58 Jahre alt, will in seinen jungen Jahren mit
beiden Augen immer gut gesehen haben. Vom 40. Lebensjahre an beobachtete er eine langsam fortschreitende Abnahme
des Sehvermögens seines rechten Auges, welche nach weiteren
sechs Jahren zu völliger Erblindung desselben führte. Der
Grund war Cataract und es wurde dieselbe vor 12 Jahren mit
vollem Erfolge extrahirt. Ein Jahr darauf begann das bisher
gute Sehvermögen des linken Auges zu verfallen, war nach
vier weiteren Jahren bis auf Lichtschein vollkommen erloschen
und blieb es volle sieben Jahre. Seitdem, giebt Patient an,
habe er links wieder zu sehen begonnen, und es soll das Sehvermögen des Auges recht schnell zunehmen. Diesem sich
wieder einstellenden Sehvermögen ist weder ein Trauma, noch
irgend eine anderweitige Erkrankung vorausgegangen. Mit
Ausnahme seiner Augen kennt Patient keine Klagen und giebt
an, stets sehr gesund gewesen zu sein.

Status praesens: Patient von gutem Körperbau. Urin
enthält weder Eiweiss noch Zucker.

Rechts: Aphakia artificialis, Coloboma artificiale iridis.
V = 0,5 mit + 10,0 D. Links: Conjunctiva, Cornea, Sclera
zeigen nichts Pathologisches, vordere Kammer von normaler
Tiofe. Iris von bräunlicher Farbe, nicht schlotternd, zeigt
keinerlei krankhafte Erscheinungen. Pupille von normaler
Form und Grösse, reagirt sehr präcise auf Licht. Die Linse
erscheint getrübt, und zwar zeigt die vordere Kapsel (nach
Atropin) mehrere $1/2$ bis 1 Mm. lange, feine weisslichgraue
Trübungen; dieselben sitzen ausschliesslich in der Peripherie,
die centralen Theile der Kapsel lassen keinerlei Zeichnung
erkennen. Die Linsenmasse selbst erscheint ganz fein granu-
lirt und trübe, sehr wenig Licht reflektirend. Nur im unteren
Theil derselben findet sich eine nach oben mit einer convexen
Bogenlinie scharf abgrenzende hellgelbgraue, stark Licht re-
flektirende Trübung, dieselbe setzt sich nach unten hinter die
Iris fort und lässt sich hier nicht weiter verfolgen. Bringt

man den Kranken in Rückenlage und lässt den Kopf stark
nach hinten beugen, so tritt die oben erwähnte saturirte Trübung ganz ins Pupillargebiet, wobei die untere Grenze derselben sich als unregelmässig, wie ausgefressen, in der Haupt-
richtung jedoch als gradlinig erweist. Der ganze Umfang der
stark saturirten 1 bis 1½ Mm. dicken Trübung ist kleiner
als die nur mässig erweiterte Pupille.  Die Untersuchung
mit dem Augenspiegel ergiebt, dass sobald die dichtere Trübung bei aufrechter Körperstellung nach unten gesunken ist,
die übrigen Linsenpartieen sich soweit durchleuchten lassen,
dass man den Augenhintergrund mit seinen Einzelheiten,
wenn auch nur stark verschleiert, so doch immerhin wahrnehmen kann.  Die Tension des Auges ist normal, Fixation
und Projektion desgleichen.  Das centrale Sehvermögen bei
einer manifesten Hypermetropie von 6,0 D = ⁴/₆₀, mit + 12,0 D
wird Schweigger 2,25 gelesen.  Es handelt sich demnach um
eine Cataracta hypermatura fluida (Morgagniana), deren ganz
dünnflüssige Corticalis sich wieder bis zu dem oben beschriebenen Grade spontan aufgehellt hat, wobei der unregelmässige
Kern als durch Maceration verkleinert aufzufassen ist.  Der
nicht selten beschriebene und beobachtete Vorgang der
Schrumpfung einer überreifen Total-Cataract mit gleichzeitig
damit sich wieder einstellendem Sehvermögen eines vorher bis
auf präcise Lichtperception erblindeten Auges konnte ausgeschlossen werden dadurch, dass, nachdem es gelungen war,
durch kräftiges Atropinisiren die Pupille ad maximum zu er-
weitern, der Linsenrand in seiner ganzen Ausdehnung an dem
ihm normaliter zukommenden Platze ophthalmoskopisch sichtbar
wurde.  Hierbei erwies sich die Linse von normaler Grösse
und in der richtigen Lage.  Die relativ bedeutende manifeste
Hypermetropie erklärt sich bei dem Vorhandensein der Linse
durch die vollkommene Verflüssigung der Corticalis und die
hieraus resultirende Herabsetzung des Brechungscoëfficienten
derselben.  Dass vor der Cataractbildung das Auge wenigstens
nicht hochgradig hypermetropisch gewesen ist, ergiebt sich
aus der Anamnese.

Es handelt sich in unserem Fall nicht um Resorption
allein, sondern auch um Ersatz des Resorbirten durch
eine durchsichtige Materie, was aus der vollständigen
Integrität des Volumens der metamorphosirten Linse ent-

nommen werden muss. Aus dem mitgetheilten Falle geht
zur Evidenz hervor, dass eine cataractös getrübte Linse
durch regressive Metamorphose ihrer Elemente sich aufhellen kann.

Zu diesem Falle bringt Lange in dem XXXII. Bande
des v. Graefe'schen Archivs (Heft 4, S. 291—287) folgenden
Nachtrag:

„Jetzt, nach Ablauf von zwei Jahren erzielt die Untersuchung des linken Auges Folgendes: Conjunctiva, Sclera und
Cornea zeigen nichts Abnormes. Iris in normaler Lage, nicht
zurückgesunken, bei Bewegung des Auges leicht schlotternd,
Pupille normal gross, reagirt gut auf Licht. Bei nicht erweiterter Pupille erscheint das Pupillargebiet durch einen
quer-ovalen, flachen, gelblichgrauen, stark Licht reflektirenden
Körper eingenommen, derselbe liegt hinter dem Knotenpunkt
des Auges und ist die hintere Augenkammer demnach wesent-
lich vertieft. $V = {}^4/_{60}$ mit $+ 9,0$ D. Bei maximaler Atropin-
mydriasis erscheint die Pupille vollkommen rund, der untere
Theil des erweiterten Pupillargebietes ist absolut rein und
schwarz, wogegen der übrige Theil desselben von einer sehr
feinen, mehrfach radiär gefalteten Membran, in deren unter-
stem Theil der obengenannte flache, stark Licht brechende
$1^1/_2-2$ Mm. lange, 1 Mm. hohe Körper liegt, eingenommen ist.
Ophthalmoskopisch ist der Augenhintergrund durch den freien
unteren Theil des Pupillargebietes vollkommen scharf sichtbar,
im Uebrigen erscheint er durch die den oberen und die seit-
lichen Theile des Pupillargebietes durchziehenden zahlreichen
feinen, mit vielen Knötchen versehenen Fäden verschleiert,
central ist die Pupille in Folge der daselbst gelegenen oben
erwähnten saturirten Trübung nicht durchleuchtbar. $V = 0,5$
mit $+ 10,0$ D."

„Dieser Befund", fährt Lange fort, „im Vergleich zu
dem zur Zeit der ersten Untersuchung constatirten, lässt sich
folgendermaassen deuten. Die vor zwei Jahren noch vollkommen verflüssigte und bis zu einem gewissen Grade auf-
gehellte Corticalis ist ganz resorbirt worden, die Linsenkapsel
ist zurückgeblieben, geschrumpft und hat den nicht vollständig zur Resorption gelangten kleinen Kern zwischen ihre
Lamellen fest eingeschlossen. Dass dieser jetzt nicht mehr,
wie früher, im untersten, sondern im centralen Theil des

Pupillarraumes liegt, erklärt sich durch die aufs Deutlichste nachweisbare Loslösung der unteren Partie der Linsenkapsel von der Zonula und Contraktion derselben im vertikalen Meridian nach oben, wodurch der vom untersten Theil des Kapselsackes fest umschlossene Kern nach oben, d. h. gegen das Centrum der Pupille dislocirt werden musste.

Der von mir beobachtete Fall hat in der Form, wie er sich mir zuletzt präsentirte, die grösste Aehnlichkeit mit den (weiter unten mitgetheilten) Brettauer'schen Fällen, nur habe ich in dem meinigen keine Cholestearincrystalle in der sich resorbirenden Linse beobachtet, und war der ganz kleine, rudimentäre Kern nicht vollkommen zur Resorption gelangt. Sehr auffallend ist die sowohl in dem ersten und zweiten Brettauer'schen als auch von mir beobachtete Loslösung der Linsenkapsel von der Zonula in ihrem untersten Theile."

Gegenüber einer Bemerkung von E. Meyer bei der Discussion, welche sich auf der Heidelberger Ophthalmologen-Versammlung im Jahre 1885 an die Mittheilung Brettauer's anschloss, macht Lange darauf aufmerksam, dass es sich in seinem Falle sowohl um Aufhellung als um Resorption der Cataract handele. Er schliesst sich der von Knapp ausgesprochenen Anschauung an, indem er behauptet, dass in äusserst seltenen Fällen die spontane Resorption einer cataractösen Linse durch das Zwischenstadium einer vollkommenen Verflüssigung der Corticalis mit nachträglicher spontaner Aufhellung dieser letzteren vorkommt. Wie in den Brettauer'schen Fällen so war in dem Lange'schen die Cataract-Entwickelung eine recht frühzeitige. Mit 37 Jahren bemerkte Patient eine Verschlechterung des linken Auges, mit 51 Jahren will er auf dem letzteren nur Lichtschein gehabt haben und erst vom September 1883 (Patient war nun 53 Jahre alt) datirt er die spontane Wiederkehr des Sehvermögens. Es lässt sich, sagt Lange, aus diesen Angaben mit ziemlicher Sicherheit entnehmen, dass die Cataract vier Jahre bis zur Reife und sieben Jahre bis zur spontanen Aufhellung gebraucht hat. Zur vollkommenen Resorption des Linsenkörpers, bis auf das kleine Kernrudiment, waren weitere $1^1/_2$—2 Jahre erforderlich und können wir somit die Dauer des an der Linse des linken Auges sich abspielenden Processes auf 13 Jahre berechnen. Die Frage nach der Häufigkeit

dieses Vorkommens hält Lange bei der meist frühzeitigen
Cataractoperation für kaum zu entscheiden.

Einen sehr ähnlichen Fall von „Cataracta (hypermatura fluida) Morgagniana mit wasserklarer Corticalflüssigkeit” hat Nordman *) veröffentlicht. Er hält denselben, mit Ausnahme eines älteren Falles von Morgagni, für den ersten seiner Art und bemüht sich zu
zeigen, dass auch der letztere, von O. Becker als zweifelhaft bezeichnete Fall hierher gerechnet werden müsse. In
seiner „Pathologie und Therapie des Linsensystems” **)
giebt Becker die betreffende Stelle von Morgagni
wieder und bemerkt dazu, dass man den Fall ohne Wei-
teres für das, was wir heute Cataracta Morgagni nennen,
in Anspruch nehmen könnte, dass aber das Eine nicht
stimme, dass die aus der Linse ausfliessende Flüssigkeit
klar und nicht trübe war. Da nun der Nordman'sche
Fall zeigt, dass bei Morgagni'scher Cataract die Corticalflüssigkeit nicht nothwendiger Weise trübe zu sein braucht,
so hält es Nordman für zweifellos, dass auch Morgagni's Beobachtung sich auf einen derartigen Fall be-
ziehe. Indessen liegt die Sache doch so einfach nicht,
wie die genaue Durchsicht des Originales ***) ergiebt.

Es handelte sich hiernach um ein phthisisches Auge eines
40jährigen Mannes, welches in der Kindheit an Variola er-
blindet war. „Oculus non modo erat altero minor sed cornea
etiam ipsa; in qua nullum caeteroquin apparebat lasesionis
vestigium, ut albedo quae pone illam erat, praeclare trans-
piceretur. Scleroticam cum incidere coepissem limpida aqua
effluxit, in quam pars magna vitrei humoris videri poterat
abiisse, cum pars reliqua annexa ut solet crystallino humori
restitisset. Is parvus erat secundum omnes dimensiones,
crassitudine autem vel paulo minor, quam ejusmodi oculo

---

*) Archiv f. Augenheilkunde XIV. 1885.
**) Graefe-Saemisch's Handb. V. S. 265.
***) J. B. Morgagni, De sedibus et causis morborum.
Patav. 1765. Epist. LXIII. 6.

conveniret. Facie anteriore in medio erat albus, sicuti per
corneam transpexeram; caetera albidus et cum inter digitos
leniter comprimerem, continuo aqua erupit, nihil purulenti
habens, imo pura et limpida eaque copia pro parvitate cry-
stallini, ud hic statim ad multo minorem crassitudinem redi-
geretur. Quidquid de substantia ipsius reliquum fuit, lentis
pristinam figuram retinuit. Caetera in oculo non male adeo
se habebant. Nervus opticus intra orbitam sub crassioribus
tunicis medullam comprehendebat aequo tenuiorem et quam
si comprimeres, humidiorem agnosceres, quam par esset."

Es lagen also hier sehr complicirte Verhältnisse vor
und da auch die Möglichkeit cadaveröser Veränderungen
der Linse nicht ausgeschlossen ist, so dürfte jetzt wohl
kaum mehr mit Bestimmtheit anzugeben sein, worum es
sich in jenem Falle gehandelt habe.

Der von Nordman beobachtete Fall betrifft einen 56-
jährigen Bauern, welcher mit Ausnahme einer vorübergehenden
Störung im Jahre 1879, an dem gegenwärtig mit Morgagnischer Cataract behafteten Auge stets gut gesehen hatte. Im
October 1882 aber begann das Sehvermögen ohne vorhergehende
Schmerzen oder Reizungssymptome auf beiden Augen gleichzeitig abzunehmen, so schnell, dass Patient zu Neujahr 1883
nicht mehr lesen und kurze Zeit darauf nicht ohne Hülfe
gehen konnte. Im Frühling desselben Jahres konnte er indessen mit dem rechten Auge allmählich wieder besser sehen,
so dass er, wenn auch mit Mühe, doch selbst seinen Weg
finden konnte.

Am 10. August 1883 fanden sich bei der Untersuchung
die inneren Organe gesund, insbesondere Herz und Gefäss-
system normal und der Urin frei von Eiweiss und Zucker.
Auf dem linken Auge hatte er einen gewöhnlichen, fast reifen
senilen Staar, der von Nordman mit gutem Erfolge operirt
wurde — S mit + 11 D = $\frac{5}{12}$. Der extrahirte Kern hielt im
Durchmesser 8,5 Mm. und war 4,5 Mm. dick. Von dem dünn-
flüssigen Glaskörper ging bei der Operation eine geringe
Menge verloren. Am rechten Auge sind die äusseren Theile
gesund, die Kammer tief, die Iris etwas atrophisch, so dass sie
auf Atropin nur unvollständig reagirt, ihr Pupillarrand ist
fein gezackt, und sie schlottert bei den geringsten Bewegungen
des Auges. Im unteren Theil des Pupillargebietes sieht man

den Linsenkern ungefähr 5 Mm. im Durchmesser gross und
oberhalb desselben die Pupille schwarz. Die äusseren Schichten
des Kernes scheinen schmutzig-weisslich, vom Centrum aber
erhält man einen gelbbraunen Reflex. Bei genauer Untersuchung
sieht man ausserdem im Pupillargebiet, besonders deutlich bei
focaler Beleuchtung, eine Menge sehr feiner, scharf begrenzter,
fast kreideweisser Punkte, welche an die Punktirung der Mem-
brana Descemeti bei Iritis serosa erinnern und als Ablagerungen
aus der Corticalflüssigkeit auf der hinteren Fläche der vorderen
Linsenkapsel anzusprechen sein dürften, möglicherweise aber
auch auf localen Kapseltrübungen beruhen könnten. Wenn
Patient seinen Kopf auf die eine Seite neigt, sinkt der Kern
sofort nach derselben Richtung, beugt er den Kopf nach vorn,
so legt sich der Kern dicht an die Iris, neigt er sich nach
hinten, so sinkt auch ersterer nach hinten, jedoch wie es
scheint, nicht mehr als höchstens 1,5 Mm. Oberhalb des
Kernes erhält man bei ophthalmoskopischer Untersuchung ein
ziemlich deutliches Bild vom Augenhintergrunde, der normal
ist. Wie schon oben erwähnt, hat die Sehschärfe des Patienten,
welche früher bis auf die beim Staar gewöhnliche herabgesetzt
war, auf diesem Auge so zugenommen, dass er seit dem Frühling ohne Hülfe gehen kann. Brillen hat er dabei nicht be-
nutzt. Mit Convex 10 D ist S $= \frac{5}{34}$, stenopäisch $\frac{5}{9}$. Dieser
grosse Unterschied in der Sehschärfe, mit oder ohne künst-
liche Blendung, beruht jedoch nicht oder doch nur zum
sehr geringen Theil auf (regulärem) Astigmatismus, denn
Patient sieht gleich gut, in welchem Meridian die Spalte
gehalten wird. Bei Untersuchung der Sehschärfe für die
Nähe wählte Patient zum Lesen immer die stärksten Gläser.
Mit + 18 D liest er mit künstlicher Blendung auch Jaeger 2
auf 8 Zoll. Mit schwächerem Glase liest er schlechter und
nur gröberen Druck. Mit dem anderen jetzt staaroperirten
Auge, dessen Sehschärfe für die Ferne, wie erwähnt, mit
+ 11 D am schärfsten ist, liest er am besten mit + 14 D.

Dass der Fall eine Morgagni'sche Cataract ist, wenn auch
mit wasserklarer Corticalflüssigkeit, unterliegt wohl keinem
Zweifel. Die einzige Affection, mit der er möglicherweise verwechselt werden könnte, wäre eine cataractöse ektopische
Linse, an die er auch im ersten Augenblick erinnert. Jedoch
finden sich Eigenthümlichkeiten, welche ihn von dieser Affection
bestimmt unterscheiden. Wenn man bei focaler Beleuchtung

genau das gegenseitige Verhalten des Kernes und der feinen
Punkte beobachtet, so findet man, dass letztere immer dieselbe
Lage im Pupillargebiet beibehalten, auch wenn der Kern sich
verschiebt, und dass sie immer in der Ebene der Iris liegen
bleiben, auch wenn der Kern nach hinten sinkt. Bei ektopischer
Linse müssten die Punkte, von denen die, welche ausserhalb
des Kerngebietes liegen, als auf der Zonula liegend angesehen
werden müssten, nothwendigerweise ihre Lage sowohl in
horizontaler wie in vertikaler Richtung verändern, sobald die
Linse sich verschiebt. Da dieses, wie erwähnt, hier nicht der
Fall war, so müssen die betreffenden Punkte auf der Kapsel
gelegen sein, und diese von dem Kern, wenn er nach hinten
sinkt, durch eine grössere Menge der klaren Corticalflüssigkeit
getrennt sein. Ein anderer Umstand, der gleichfalls die
Diagnose unterstützt, ist der, dass das andere Auge einen gewöhnlichen senilen Staar hatte, während Linsenektopie fast
immer doppelseitig vorkommt.

Brettauer*) hat auf der 17. Versammlung der
Ophthalmologischen Gesellschaft zu Heidelberg 1885 folgende drei Fälle von spontaner Aufsaugung von seniler
Cataract bei unverletzter Kapsel beschrieben, deren erster
bereits von Becker**) veröffentlicht war.

1. Janinot, 45 Jahre alt, Hutmacher, trat am 20. März 1862
in meine Behandlung. Am rechten Auge eine reife Cataract,
milchweisse Corticalis ohne specielles Gefüge, einzelne kreide-
weisse halb stecknadelkopfgrosse Punkte unter der vorderen
Kapsel, Kern nicht sichtbar. Links halbreife Cataract. Am
26. März rechts Lappenextraction nach unten ohne Iridektomie.
Sofort nach Einführung des Cystitoms Glaskörpervorfall.
Dabei verschwand die Cataract aus dem Bereich der Pupille.
Ob sie ganz flüssig war oder der Kern durch den Glaskörpervorfall aus dem Auge hinausgeschleudert wurde, konnte, da
der Vorfall alle Aufmerksamkeit in Anspruch nahm, nicht
festgestellt werden. Im Bett und auf dem Boden wurde die
Cataract vergebens gesucht. Während des Verlaufs lag längere
Zeit Blut in der Pupille; die Iris heilte in die Wunde ein. Am
4. August las Patient mit $+ \frac{1}{3}$ Jäger No. 3, mit $+ \frac{1}{4}$ die

---

*) Ber. über die 17. Vers. d. ophth. Ges. zu Heidelberg 1885.
**) Graefe-Saemisch V. p. 309.

Hausnummern über die Strasse. Das Resultat war durchaus
dauernd, da er auf diesem Auge sich als Hutmacher sein Brod
verdiente und nach 12 Jahren mit + ⅙ S ²⁰/₅₀ hatte. Als J.
im Jahre 1871 sich die Nummer seiner Staarbrille neu bestimmen liess, bemerkte ich am linken Auge leichtes Schlottern und grünliche Verfärbung der Iris bei runder und auf
Licht reagirender Pupille. Im Centrum derselben eine häutige
Ausbreitung von unregelmässig sternförmiger Gestalt. Eine
genaue Untersuchung der vorderen und hinteren Kapsel,
welch letztere der ersten sehr nahe gerückt ist, lässt dieselbe
intact erscheinen.

Nach Erweiterung der Pupille sieht man an die centrale
Membran sich sternförmig, den Sectoren der Linse ent-
sprechend, eine gelatinöse Masse anschliessen, an welcher eine
Unzahl von Cholestearincrystallen, wie Goldflitter an den Aesten
eines Weihnachtsbaumes, hängen. Zwischen den einzelnen
Sectoren der gelatinösen Substanz erhält man mittelst des
Augenspiegels rothes Licht aus dem Hintergrunde. (Im September 1872 sah Professor O. Becker den Patienten zum
ersten Male.)

Am 22. März 1874 erwies sich das Irisschlottern stärker,
die gelatinöse durchsichtige Masse in toto verringert, desgleichen die Anzahl der Crystalle. Nach aussen unten scheint
ein gelatinöser Streifen etwas vor der Ebene der centralen
Membran zu liegen. Unmittelbar hinter der Linse sieht man
mehrere leicht bewegliche, ziemlich grosse Glaskörper-
membranen, alle im vorderen Theile des Glaskörpers. Papille
leicht hyperämisch, an der äusseren Seite ein sehr schmaler
Conus von ⅙ P. Mit + ⅙ S beinahe ²⁰/₄₀. Die geringste
Annäherung oder Entfernung des Glases vom Auge ver-
schlechtert das Sehen; also keine Spur von Accommodation.
Seit wann das Sehen auf dem linken Auge sich herzustellen
begonnen hat, weiss J. nicht anzugeben. Bei der letzten
Untersuchung (August 1885) fand ich bei tiefer vorderer
Kammer und starkem Irisschlottern nur noch eine breitere
Speiche, welche von oben innen gegen das Centrum unmittelbar
unter der vorderen Kapsel zog. Dagegen schlotterte der ganze
Kapselsack, der am besten der Hülse einer ausgedrückten
Traubenbeere verglichen werden konnte, stärker als früher.
Bei durch Atropin stark erweiterter Pupille sah man im untern
äusseren Quadranten eine schmale mondsichelförmige Stelle in

der Pupille, welche bei der Beleuchtung mit dem Augenspiegel
in viel lebhafterem, reinem Roth aufleuchtete, als die übrige
vom Kapselsack occupirte Partie. Offenbar hatte sich seit der
vorletzten Untersuchung (April 1885) der unverletzte Kapselsack von seiner Anheftung an der Zonula Zinnii getrennt und
es traten bei der ophthalmoskopischen Untersuchung dieselben
Erscheinungen, wie bei Subluxatio lentis auf. Patient stellt
aufs Bestimmteste die Einwirkung irgend eines Trauma in Abrede; auch liess sich weder an Cornea, Sclera oder Iris, noch
in der Linsenkapsel eine Narbe, ein Riss oder dergleichen
nachweisen. (In den letzten zwei bis drei Jahren hat das
Sehvermögen auf beiden Augen gleichmässig stark abgenommen,
in Folge einer genuinen Atrophie beider Sehnerven, so dass
sich Patient gerade noch allein führen kann.)

2. Hüttli, Georg, Farbwaarenhändler aus Triest, wurde
von mir am 16. März 1867 am rechten Auge an Cataract
nach Graefe operirt. S $= {}^6/_{24}$ mit $+ \frac{1}{3^1/_2}$. Er war damals
50 Jahre alt. Linkerseits bestand eine noch nicht reife Kerncataract. Im Jahre 1881 hielt er mich einmal auf der Strasse
an mit der Bemerkung, er fange an, auch mit dem linken Auge
zu sehen. Eine sofort angestellte, genaue Untersuchung ergab
bei normaler Hornhaut und etwas tiefer vorderer Kammer ein
leichtes Irisschlottern; die vordere Kapsel intact, die Linse
von zahlreichen Cholestearin-Crystallen durchsetzt, welche bei
Bewegungen des Auges leicht erzittern, ohne jedoch ihren
Platz zu verlassen; sie scheinen in einer halb-flüssigen Masse
von geleeartiger Consistenz suspendirt zu sein. Der unteren
Hälfte des Pupillarrandes sitzt ein kaum ¼ Mm. breiter, ganz
feiner graulichweisser Saum auf, welcher aber nicht an der
Linsenkapsel adhärent ist, wie sich nach Atropin-Einträufelung
leicht nachweisen lässt; doch erweitert sich die Pupille nur
bis zu mittlerer Weite (auch die Iris des rechten Auges
reagirt auf Atropin nur mässig, obwohl der Pupillarrand nicht
adhärent ist). Blickt Patient etwas nach unten, so sieht man
hinter der Iris und hinter der vorderen Kapsel einen linsen-
förmigen, etwa hanfkorngrossen weissen Körper, welcher offenbar dem letzten Reste des grösstentheils aufgesaugten Linsen-
kernes entspricht. Bei der Augenspiegel-Untersuchung leuchtet
die Pupille roth auf und die Details des Augenhintergrundes
sind deutlich sichtbar. Die Sehnerven-Papille ist leicht blass

und hat einen sehr schmalen Conus nach aussen (ebenso auf dem rechten Auge); S mit $+\frac{1}{5^{1}/_{8}} = {}^{6}/_{36}$. Bei erneuter Untersuchung Ostern 1885 kann das Kernrudiment nicht mehr nachgewiesen werden. Doch scheint auch bei diesem Patienten sich jetzt der Kapselsack gerade unten von der Zonula getrennt zu haben, da man wegen der nur mässig erweiterbaren Pupille eine überaus kleine, scharfbegrenzte, mondsichelförmige Lücke unten in der Pupille wahrnimmt, durch welche man vollkommen reines rothes Licht mit dem Augenspiegel erhält. Im Jahre 1882 stellte ich den Fall Herrn Prof. Arlt vor und konnte er sich persönlich von dem oben beschriebenen Zustande überzeugen.

3. Der dritte Fall betrifft eine Frau — Nina Morpurgo aus Triest — welche einer Familie Cataractöser angehört. Vater und Mutter sollen nach ihrer Aussage an Cataract operirt sein, ebenso einer ihrer zwei Brüder. Sie hat 6 lebende Kinder geboren und einen Abortus überstanden. Im 46. Jahre trat Menopause ein. Am 15. Oktober 1871, als sie 48 Jahre war, wurde sie von mir am rechten Auge an Kerncataract nach Graefe operirt. S mit $+\frac{1}{6^{1}/_{8}} = {}^{6}/_{9}$. Linkerseits bestand damals schon ebenfalls eine beinahe reife Kerncataract. Mein Assistent (Dr. A. Constantini), welcher sie vom Jahre 1881 ab als Hausarzt wiederholt zu sehen Gelegenheit hatte, forderte sie auf, sich auch das linke Auge operiren zu lassen, wozu sie aber gar keine Neigung hatte, da sie mit dem rechten Auge vollauf genug sehe. Im Jahre 1884 gab sie an, sie fange an, mit dem linken Auge etwas zu sehen. Bei der angestellten Untersuchung ergab sich nun, dass wir es mit einem spontan aufgehellten Altersstaar zu thun hatten bei unverletzter Kapsel. Bei normaler Hornhaut, vorderer Kammer und Iris erscheint die Pupille, welche auf Atropin ad maximum erweiterbar ist, beinahe ganz schwarz mit Ausnahme einer Unmasse weisser Pünktchen, welche sofort als Cholestearin-Crystalle zu erkennen sind und gleichmässig durch die ganze Linse vertheilt sind; sie sind in einer gelatineartigen, durchsichtigen Masse suspendirt, erzittern bei Bewegungen des Auges, ohne ihren Platz zu verlassen. Sieht Patientin abwärts, so sieht man bei erweiterter Pupille sowohl bei schiefer Beleuchtung und noch besser mit dem Augenspiegel hinter der Iris im geschlossenen Kapselsack einen weissen spindelförmigen Körper von der ungefähren scheinbaren Länge von 3 Mm. Blickt Patientin

rasch aufwärts, so schnellt dieser Körper ebenfalls in die Höhe
bis gegen die Mitte der Pupille; offenbar das letzte Ueber-
bleibsel des fast ganz aufgesaugten Kerns. Der Glaskörper
ist rein, ohne Flocken; der Fundus oculi normal.

Mit $+ \frac{1}{3^{1}/_{2}}$ sieht Patientin am 25. Januar 1885 mit diesem
Auge gut $^{6}/_{9}$, beinahe etwas schärfer als mit dem operirten
rechten Auge.

Ende August 1885 war der Kernrest nicht mehr aufzu-
finden, er war vollkommen aufgesaugt. In den ersten Tagen
im April 1885 hatten Professor Becker und Dr. Goldzieher
aus Pest Gelegenheit alle drei Patienten zugleich zu sehen
und zu untersuchen. Dass es sich in allen drei Fällen um
linke Augen handelt, dürfte wohl bloss ein Zufall sein, während
die jeweilige früher ausgeführte Extraction auf dem rechten
Auge ein günstiges Gelegenheitsmoment abgab, die Patienten
wieder zur Beobachtung zu bekommen. Bemerkenswerther
ist es dagegen, dass alle drei Patienten zur Zeit der Operation
im 45. bis 50. Lebensjahre standen und dass damals schon
das zweite Auge eine mindestens halbreife Cataract nachwies,
welche später der spontanen Aufhellung verfiel. Die Zeit,
welche der Staar benöthigte, um vom Stadium der völligen
Reife die regressive Metamorphose zur Aufhellung durchzu-
machen, lässt sich nach den mitgetheilten Beobachtungen
schwer bestimmen, jedenfalls mehrere Jahre, denn es bedurfte
in den drei Fällen eines Zeitraumes von 9 bis 13 Jahren vom
Zustande der Halbreife bis zum Beginn der Aufhellung. Allen
dreien ist das Auftreten massenhafter Cholestearin-Crystalle
gemeinsam und die Umwandlung der Corticalis in eine gelatinöse Masse, während der Kern, wo ein solcher vorhanden
war, allmählich ganz aufgesaugt wurde; die vordere und hintere
Kapsel rückten einander näher, das Volumen des Linsensystems
nahm in der Dicke bedeutend ab, und dadurch trat Irisschlottern auf. Welche Cataracte am ehesten einer solchen
Metamorphose unterliegen, welche locale und allgemeine Bedingungen dazu vorhanden sein müssen, wird wohl erst durch
eine zahlreiche Casuistik einigermassen festgestellt werden
können."

Im Anschluss an den Vortrag Brettauer's theilte
Berlin folgende Beobachtung mit:

Er habe vor längerer Zeit einen Mann in den 30er Jahren

behandelt, bei welchem sich im Laufe einer spontanen Iritis (links), ohne voraufgegangenes Trauma, sehr rapide eine Linsentrübung mit partieller Kapseltrübung entwickelte. Die Linsentrübung verschwand innerhalb weniger Monate, und es stellte sich später ein recht günstiges Sehvermögen her, so dass Jaeger No. 1 gelesen wurde (wenn Berlin, wie er sagte, nicht irre) und zwar mit einem Staarglase.

Sodann erzählte Becker folgenden von ihm im vorhergehenden Winter beobachteten Fall:

„Eine 27jährige Dame, welche eine einige Jahre früher erlittene Infection zugestand, operirte ich am 24. März 1883 wegen recidivirender Iritis und fast vollständigem Pupillarabschluss. Bei der am 7. Mai stattfindenden Entlassung wurde notirt: „Linse klar, einige Niederschläge auf der vorderen Kapsel; Augengrund deutlich zu sehen. Mit Cyl. $+ 2$ D, Achse horizontal, S $= ^6/_9$. Rechtes Auge: Em. S $= ^6/_6$. Nach ihrem Austritt aus der Klinik besuchte sie von Zeit zu Zeit die Sprechstunden in meinem Hause. Nach 4 Monaten, am 17. Juli 1883 hatte sich Myopie von 2 D entwickelt und betrug die Sehschärfe statt $^6/_9$ nur mehr $^6/_{18}$. Mit dem Spiegel konnte ich keine Veränderung wahrnehmen. Die äquatorialen Theile der Linse waren der ausgebreiteten Synechien wegen nur im Bereich des Coloboms wahrzunehmen und dort ohne Trübung. Trotzdem sprach ich schon damals den Verdacht aus, es möchte sich Cataract entwickeln. Sechs Monate später, 17. Januar 1884, notirte ich: M. 3, S $^6/_{30}$, Cataracta incipiens, am 27. März 1884: Fingerzählen in 0,25 M., am 8. Mai 1884 linkes Auge Cataracta accreta matura; Lichtempfindung und Projection gut. Rechtes Auge Em. S $^6/_6$. Ich sah Patientin dann erst im October 1884 wieder. Sie kam in grosser Aufregung und gab an, sie habe von Zeit zu Zeit ziemlich heftige Schmerzen; es müsse überhaupt etwas in ihrem Auge vorgehen. Ich fand die Pupille durchscheinend: Finger wurden wieder auf 1,5 M. gezählt. Die cataractöse Linse war theilweise resorbirt. Ende December gab der Spiegel Licht; mit $+ 10$ D Fingerzählen auf 4 M.

Im Laufe der nächsten Monate hellte sich die Pupille immer mehr auf. Am 11. März 1885 Fingerzählen in 5 M. mit $+ 10$. Am 30. Mai 1885 sah ich Patientin zum letzten Male. Der Bulbus war blass, gut gespannt. Das Aussehen

der Iris gut, wie bei der Entlassung, Kammer tief. Auf der
vorderen Kapsel kleine braune Pigmentpünktchen. Kapsel
sonst rein und klar. An ihrer Hinterfläche zahlreiche glänzende
Cholestearin-Crystalle. Es machte den Eindruck, als lägen
beide Kapselhälften an einander. Mit dem Spiegel war die
Pupille gut zu sehen, im Glaskörper keine Trübung. Mit
+ 10 D S $^5/_{16}$.

Die ganz unbefangen geführte Krankengeschichte erwähnt
von einer Verletzung der Kapsel bei der Operation nichts; auch
habe ich nachträglich nichts wahrnehmen können, was auf eine
stattgehabte Kapselverletzung hätte hindeuten können."

Endlich füge ich den von Herrn Professor Leber
beobachteten und mir gütigst zur Veröffentlichung über-
lassenen Fall hinzu:

Herr Georg Gauditz, 59 Jahre alt, aus Hannover, kam am
18. Februar 1880 zur Behandlung, Patient hat in früheren
Zeiten sehr gut gesehen, besonders in die Ferne, hat öfters
nach der Scheibe geschossen, zuletzt noch im Jahre 1846/47
Preise erschossen, auch später noch bis ca. 1856 Schiess-
übungen gemacht, ohne eine Störung des Sehvermögens zu be-
merken. Vor 17 Jahren hat er eine Abnahme des Sehvermögens
am rechten Auge bemerkt. Es wurde damals von einem Augenarzt eine Cataract diagnosticirt und dem Patienten eine
Operation in Aussicht gestellt. Die Operation wurde jedoch
aufgeschoben, da das linke Auge gut war. Dieses linke Auge
ist bis zur letzten Zeit gut und nie entzündet gewesen. Vor
ca. 2 Jahren trat am rechten Auge eine heftige Entzündung
ein; dieselbe war mit starken Schmerzen und Druckgefühl ver-
bunden und dauerte 14 Tage. Patient ist hierbei nicht von
einem Augenarzt, sondern von seinem Hausarzt mit äusser-
lichem Augenwasser behandelt. Er hat seitdem öfters leichte
Beschwerden am rechten Auge gehabt. Jede Verletzung am
rechten Auge wird in Abrede gestellt. Noch vor einem Jahre
soll dem Patienten eine Staaroperation vorgeschlagen sein,
aber mit relativ schlechter Chance. Am 18. Februar 1870
wurde folgender Befund erhoben:

Rechts: Pupille theilweise kernschwarz wie bei Aphakie,
theilweise von einer zarten mit feinen hellen Pünktchen be-
setzten Membran eingenommen; von Linse nichts zu sehen.

Die ophthalmoskopische Untersuchung, die wegen des Ver-

dachts auf Glaucom ohne Atropin vorgenommen wurde, zeigte
zwar ein etwas verschleiertes Bild, liess aber eine Druckexcavation zweifellos erkennen Das Auge war hart. Ob die
Linse in den Glaskörper luxirt war, liess sich nicht ermitteln.
Die Iris schlotterte deutlich. Lichtempfindung bestand nur
für helle Lampe. Finger wurden in der Entfernung von einem
halben Fuss gezählt, und zwar excentrisch nach oben. Das
Gesichtsfeld war beschränkt nach unten und nach aussen,
stark beschränkt nach innen.

Linkes Auge: Cataracta fere matura, anscheinend un-
complicirt. Lichtschein und Projection gut. Finger werden
in 1 Fuss Entfernung gezählt. Am 24. Februar 1880 wurde
am linken Auge die modificirte Linearextraction vorgenommen,
welche ohne Zufall verlief. Am 11. März 1880 wurde notirt:
Rechts: Ausgesprochene Druckexcavation (nach Erweiterung
durch Atropin) mit starker weisser Verfärbung der Papille.
Linse bis auf einen membranösen Rest vollkommen resorbirt.
Kapsel durchsichtig, auf ihr feine weisse Pünktchen und einige
etwas grössere Fleckchen. Am unteren Rande eine hintere
Synechie. Papille nur mässig verschleiert. Im Glaskörper
von Linse nichts zu sehen. Keine Spur von Verletzung am
Auge. Augendruck nicht erhöht.

Links: Pupillargebiet vollkommen frei. Seichte aber
nicht ganz bis zum Rande gehende glaucomatöse Excavation.
Arterien auf der Papille sehr eng, weiterhin weniger, aber
doch in geringem Grade. Augendruck normal. Sieht mit
+ 9 D Finger in 15 Fuss, liest mit + 16 D No. 3 (J.).

Am 9. Juni 1880 wurde constatirt: Links mit + 9 D
S $^{20}/_{200}$, mit + 16 D No. 3 (J.). Es stellte sich in der Folge
ein häutiger Nachstaar ein, der aber das Sehvermögen in so
geringem Grade beeinträchtigte, dass von einer Discision Ab-
stand genommen wurde.

Es muss also, ist in der Krankengeschichte hinzugefügt,
der höchst seltene Fall von spontaner Resorption der cataractösen Linse im späteren Lebensalter auf dem rechten Auge
vorliegen. Dass die Linse resorbirt ist, ergiebt sich auch aus
der ophthalmoskopischen Einstellung, welche starker Hypermetropie, wie nach Extraction, entspricht."

Bei der kritischen Zusammenstellung der im Vorhergehenden gesammelten Literaturangaben können nur die-

jenigen Fälle Berücksichtigung finden, bei denen eine
spontane Aufhellung getrübter Linsensubstanz bei unverletzter oder doch geschlossener Kapsel in normaler Lage
eingetreten ist. Es fallen somit zunächst alle diejenigen
Fälle fort, bei denen eine Senkung der Linse sich als
Ursache der Aufhellung ergiebt. In diese Categorie gehören wohl nicht nur die von Hinterberger (Seite 5)
und Luzzato (Seite 7) berichteten Fälle, in welchen der
Staar nach langer Dauer plötzlich unter heftigen Schmerzen
verschwunden war, sondern ich glaube auch jene von Szili
beschriebene Heilung hierher rechnen zu müssen, welche
dieser Autor durch Kapselruptur zu erklären versuchte.
Für letztere von Szili aufgestellte Erklärung dürfte sich
wenigstens kaum ein Analogon in der Literatur finden.

Was die übrigen Angaben betrifft, so ist ein Theil
derselben so wenig ausführlich, dass eine Verwerthung
ausgeschlossen ist; es gilt dieses insbesondere von Wardrop,
Albers und Estlin. Auch Arlt's beide Fälle von Heilung durch Gebrauch der Karlsbader Cur sind aus diesem
Grunde nicht völlig beweisend; die Abwesenheit von Diabetes mellitus wird hier nicht ausdrücklich angegeben,
was zu erfahren von Interesse gewesen wäre. Leider sind
auch die von Seegen in den beiden erwähnten Fällen
gemachten Angaben so mangelhaft, dass sie nicht als
Beweis für ein Rückgängigwerden von Cataract bei Diabetes dienen können. Im Gegentheil spricht namentlich
der erste Fall, in dem nach vorübergehender Besserung
des Sehvermögens Patient nach einem Jahre in Folge von
Cataract erblindete, dafür, dass es sich hier nicht um
eine Besserung des Staars, sondern eine gleichzeitig in
Folge des Diabetes aufgetretene Amblyopie gehandelt hat.

Von den übrig bleibenden Beobachtungen betrifft ein
Theil kindliche oder jugendliche Individuen. Der Staar
war entweder angeboren, wie in den Fällen von Holscher,
v. Graefe und Schoen oder in früher Lebensperiode er-

worben. Vorkommnisse dieser Art sind bei der weichen
Beschaffenheit der Cataract im kindlichen Alter leicht
erklärlich und sind nicht zu den sehr grossen Seltenheiten
zu rechnen, wenn es dabei auch nach völliger Resorption
der Cataract wegen hinzugetretener Kapseltrübung nur
sehr ausnahmsweise zur Herstellung eines befriedigenden
Sehvermögens kommt.

Was sonstige Angaben über Resorption partieller
Linsentrübungen anlangt, so erweist sich der eine unter
den von E. v. Jäger angeführten Fällen als nicht hierher-
gehörig, weil dabei nur von einem Stationärwerden, aber
nicht von einer Aufhellung der Trübung, die in einem
angeborenen Faserschichtstaar bestand, die Rede ist; nur
in dem anderen Falle, einer Chorioiditis chronica postica
mit consecutiver Linsentrübung fand eine Heilung durch
Aufhellung der Trübung statt.

Von den Angaben über Rückgängigwerden von Cataracta senilis verdienen aus der vorophthalmoskopischen
Zeit wohl nur die von Warnatz Beachtung. Während
aber der erste von diesem Autor berichtete Fall kaum
einem Zweifel in Bezug auf die Richtigkeit der Diagnose
begegnen dürfte, lassen die Symptome des zweiten Falles,
die erhöhte Venosität, die heftigen Schmerzen in der Tiefe,
die Mouches volantes und Photopsien denselben jedenfalls
als sehr complicirt und daher nicht sicher als hierher-
gehörig erscheinen.

Aus den der jüngsten Zeit angehörigen sehr sorg-
fältig angestellten Beobachtungen erfahren wir aber mit
Sicherheit, dass in seltenen Fällen eine wirkliche mehr
oder minder vollständige Resorption oder auch eine theilweise Aufhellung einer vorher völlig getrübten Linse mit
Wiederherstellung des Sehvermögens erfolgen kann. In
der Mehrzahl der Fälle handelt es sich um Aufsaugung
der weichen, verflüssigten Corticalis, wobei der Kern entweder mitresorbirt wird oder innerhalb des zusammen-

gefallenen Kapselsackes liegen bleibt. Innerhalb dieses
Sackes kann sich der Kern dann senken, während über
ihm die beiden Blätter der Kapsel sich aneinander legen
und so einen hohen Grad von Durchsichtigkeit erlangen
können. Derselbe Hergang, den v. Graefe für kindliche
Augen genau geschildert hat, kann also auch für die senile
Cataract Geltung haben: offenbar ist das Bild, welches
v. Graefe bei einer Familie erblich sah, demjenigen,
welches Brettauer mit einer ausgedrückten Traube ver-
gleicht, sehr ähnlich. Mit den Brettauer'schen Fällen
stimmt der von Herrn Professor Leber beobachtete insofern überein, als es sich ebenfalls um doppelseitige
Cataract handelte, von denen die eine operirt, die andere
resorbirt wurde: es liess sich der leere Kapselsack an
normaler Stelle, sowie hypermetropische Einstellung des
Auges nachweisen. Dagegen ist dieser letzte Fall complicirt durch einen glaucomatösen Anfall, in Folge dessen
eine Druckexcavation bestand; ausserdem war eine hintere
Synechie vorhanden. Im ersten Brettauer'schen Fall trat
später an beiden Augen Sehnervenatrophie auf.

In sämmtlichen Fällen begann die Cataract in den
vierziger Jahren. Letzteres gilt auch für die zweite
seltenere Art der Resorption, bei welcher die trübe verflüssigte Corticalis ersetzt wird durch eine klare durchsichtige Flüssigkeit. Hierher gehören die von Lange
und Nordman mitgetheilten Krankenberichte, dagegen,
wie oben schon erwähnt wurde, wohl kaum auch, wie
Nordman will, der von Morgagni*) beschriebene Fall.

Es behielt also in den Fällen Nordman und Lange
die Linse ihre ursprüngliche Form, während eine Aende-
rung des dioptrischen Systems eintrat. Die Verschieden-
heit des Refractionszustandes in den beiden Fällen lässt
sich wohl aus einem verschiedenen Brechungsindex der

---

*) De sedibus et causis morborum epist. 63.

4

die Corticalis ersetzenden Flüssigkeit erklären, während in dem Nordman'schen Falle die ausserordentliche Hypermetropie auffallend erscheint. Knapp hält diese Fälle von Morgagnischer Cataract mit durchsichtiger Corticalis für ein Anfangsstadium der Brettauer'schen Fälle. Lange schliesst sich auf Grund der späteren Beobachtungen an dem von ihm untersuchten Fall dieser Ansicht an. Ob indessen dieser Vorgang stets derselbe ist, hätte eine weitere Beobachtung zu entscheiden.

Es ergiebt sich somit als sicher, dass eine spontane Aufhellung nicht nur jugendlicher, sondern auch seniler Cataract in einzelnen, seltenen Fällen beobachtet ist. Dieselbe beruht auf einer spontanen Aufsaugung getrübter Linsenelemente und kommt sowohl bei beginnender, als auch bei totaler seniler Cataract vor. Was die Möglichkeit einer Aufhellung der Cataract mit Erhaltung der Linsenfasern betrifft, so zeigen zwar die Kunde'schen Versuche an Fröschen, dass eine solche in der That möglich ist; indessen ist dieser Vorgang in der menschlichen Linse selbst bei beginnender Cataract nicht nachgewiesen, und da bei totaler Cataract die Aufhellung durch Resorption zu Stande kommt, so dürfte es jedenfalls wahrscheinlicher sein, auch die seltenen Fälle von Rückbildung beginnender Cataract ebenfalls der Resorption und nicht der Aufhellung mit Erhaltung der Fasern zuzuschreiben. Es ist dies ein Vorgang, welcher bekanntlich bei manchen Fällen von traumatischer Cataract, so nach Stichverletzung der Linse, genau beobachtet und verfolgt ist, was der eben geäusserten Ansicht als weitere Stütze dienen kann.

Am Schlusse dieser Arbeit sei es mir erlaubt, meinen verehrten Lehrern, Herrn Professor Leber und Herrn Professor Deutschmann meinen besten Dank zu sagen für das liebenswürdige Interesse und die freundliche Unterstützung, welche sie dieser Arbeit geschenkt haben.

Berlin, Druck von W. Bůxenstein.